NOTICE HISTORIQUE

SUR L'ORIGINE ET LES PROGRÈS

DE L'INDUSTRIE SÉRICICOLE,

EN EUROPE,

ET NOTAMMENT EN FRANCE,

PAR M. L'ABBÉ CARON.

Nota. Cette notice fait partie du Recueil de 1841.

MESSIEURS,

L'heureux développement que l'industrie séricicole prend en France depuis quelques années ; les utiles améliorations apportées tant dans l'éducation des vers à soie, que dans la culture des diverses espèces de mûriers qui servent à leur nourriture ; l'adoption des procédés nouveaux et mieux entendus dans presque toutes les magnaneries de France, m'ont fait penser que vous n'entendriez peut-être pas sans intérêt l'histoire du précieux insecte auquel l'industrie française doit une de ses plus belles illustrations.

On connaît peu en général le pays natal du ver-à-soie, ses translations successives dans les différentes contrées du globe, son importation en Europe et surtout en France, la manière et l'époque où il y fut importé, les efforts et

1841

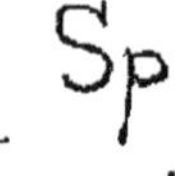

les mesures qu'employèrent les Gouvernemens pour l'acclimater et pour le propager ; enfin les diverses phases, et les progrès de son éducation jusqu'à l'état où elle est parvenue de nos jours. Voilà, Messieurs, ce que je me suis proposé de communiquer à la Société. C'est une notice purement et simplement historique. Je sens que quelque chose d'utilement applicable pourrait être mieux accueilli par des hommes voués par état à la pratique ; mais les sociétés savantes ne sont pas tellement absorbées par l'intérêt de leurs spécialités matérielles, qu'elles ne trouvent quelquefois une sorte de délassement à jeter un coup-d'œil en arrière sur la marche et la route qu'ont parcourue à différentes époques les sciences dont elles s'occupent.

C'est la route qu'à suivie l'industrie séricicole, que j'ai essayé de mesurer et d'apprécier.

Puisse-t-elle ne pas vous paraître trop longue, et surtout trop raboteuse.

Ce n'est pas, comme vous devez bien le penser, Messieurs, l'histoire naturelle du ver à soie que je veux faire ici ; ce serait sortir du cadre de vos attributions ; je veux seulement tracer un aperçu historique de tout ce que l'industrieuse Europe a fait pour s'approprier, ou plutôt pour partager avec l'Asie la possession de cet insecte si merveilleux et la jouissance de ses magnifiques produits. Et d'abord, Messieurs, c'est un fait généralement établi que le ver-à-soie n'est point indigène à l'Europe, où il est pourtant aujourd'hui très-multiplié ; il est reconnu qu'il est originaire de l'Asie. Mais à quelle contrée de l'Asie doit-il son origine primitive ? C'est sur quoi les auteurs sont partagés.

Les uns regardent la Chine comme son pays natal ; les autres le font originaire de la Sérique, pays des anciens Sacques, que Ptolémée a placé à l'orient de la Scythie, et auquel il a donné l'Inde pour limite du côté du midi. Ce pays répondrait aujourd'hui à ce qu'on appelle la Tatarie indépendante à l'est de la mer Caspienne. C'est du nom de cette contrée sérique que vient, selon les auteurs, le nom de *Séricon*, sous lequel les Grecs désignaient le fil produit par cet insecte, et le nom de *Ser* qu'on donnait à l'insecte producteur.

Il serait très-difficile de se décider entre ces deux opinions. Les anciens Grecs et Romains non-seulement ignoraient la manière dont on recueillait la soie, mais ils n'avaient que des idées confuses sur le véritable pays où elle était produite. Ce qu'il y a de certain, c'est que la Chine paraît être depuis long-temps en possession du ver-à-soie, de l'art de l'élever et de fabriquer des étoffes avec le fil dont il forme la coque où il doit subir sa dernière métamorphose. Faut-il croire que c'est de la Sérique que cet insecte a été d'une manière quelconque transporté dans la Chine, ou que la nature a doté primitivement ces deux contrées du même insecte, ou bien enfin que les anciens ont confondu sous le même nom de *Seres*, deux peuples différens de l'Asie ?

Quoiqu'il en soit, le peu de documens que les plus anciens auteurs nous ont laissés sur la patrie du ver-à-soie, ne permettent pas de douter qu'elle ne soit le pays des Sères, qu'ils citent comme voisins des Scythes. Mais d'un autre côté, tous les auteurs s'accordent à reconnaître les Chinois comme les plus anciens fabricans et commerçans des tissus de soie, dont leur pays fournissait la matière première.

Je rapporterai à ce sujet ce qu'on trouve dans les auteurs chinois. L'empereur Houng-ti qui, dit-on, monta
sur le trône 2698 ans avant l'ère chrétienne, engagea
l'impératrice sa femme, Louï-Tsen, à élever des vers-à-
soie, à chercher les moyens de tirer parti du fil si doux,
si brillant, dont ils enveloppent leur cocon. Cette impératrice entrant dans les vues de son mari, se met aussitôt
à l'œuvre, fait ramasser une grande quantité de ces insectes, et les nourrit avec des feuilles de mûriers. Son
industrie lui fit trouver le moyen de dévider la soie et
de fabriquer des étoffes sur lesquelles elle broda de sa
main des fleurs et des oiseaux. Les Chinois, émerveillés
de cette brillante invention, la regardèrent comme un don
du ciel, et s'empressèrent de ranger l'impératrice au nombre des divinités, sous le nom d'*Esprit des mûriers et des
vers-à-soie*. On voit que la Chine a aussi sa mythologie et
son olympe. C'est ainsi que l'arbuste qui porte le thé est
regardé par les Chinois comme le produit d'une métamorphose miraculeuse. Les premières étoffes de soie furent
très-rares, comme on peut bien le penser, et ne furent des-
tinées qu'à la cour du céleste empire, par conséquent
elles restèrent long-temps inconnues aux peuples voisins,
et ce ne fut qu'après de longs siècles que le commerce les
transporta dans l'Inde et notamment dans la Perse, surtout à l'époque où il régnait tant de luxe et de faste à la
cour de ces rois.

Les Grecs et les Romains ne connurent la soie et son
usage que long-temps après les Asiatiques; il paraît que
ce ne fut que sur la fin de la république romaine, lorsque
les armées de Lucullus et de Pompée reculèrent les
bornes de l'Empire jusque dans l'Orient, que les Romains virent, pour la première fois, des tissus faits avec

ce fil si nouveau pour eux. Mais ils ignorèrent pendant long temps d'où provenait le fil de ces tissus. Suivant d'Hancarville, ils pensaient qu'on le tirait de certains arbres ; d'où ils concluaient que la soie était une production végétale comme le coton et le byssus, qui se recueillent sur des arbustes.

C'est ce qui a fait dire à Virgile dans le deuxième livre des Géorgiques :

Velleraquo ut foliis depectant tenuia seres.
Ici d'un fil doré les bois sont enrichis.

Telle était encore, sous le règne de Titus, l'opinion générale, puisque Pline écrit que la soie croissait sur des feuilles dont on détachait le duvet au moyen de l'eau. Ce ne fut qu'au III.ᵉ siècle de l'ère chétienne qu'on apprit que la soie est formée par un insecte et non par un arbre.

Mais on ne sortit d'une erreur que pour retomber dans une autre. On imagina que l'insecte d'où provenait la soie était une espèce d'araignée appelée *Sere*, qu'on le nourrissait pendant quatre ans, que dans la cinquième année on lui donnait à manger du roseau vert, et qu'après sa mort on tirait de son corps une certaine quantité de fils de soie. C'est ainsi que dans tous les temps les faits souvent les plus simples sont mutilés et défigurés en passant de bouche en bouche, surtout quand on n'a pas les données suffisantes pour rectifier ce qui a été mal observé.

Quant à la première erreur qui a été aussi partagée par Pomponius-Méla, Arrien, Ammien-Marcellin, il est facile de concevoir comment ils ont pu penser et dire que la soie était une espèce de laine fine qui croissait sur les feuilles des arbres. Pour le comprendre, il suffit de se reporter à l'époque où le ver-à-soie vivait dans l'état de

nature, abandonné à son instinct. Alors, comme tous
les insectes de sa classe, il naissait, vivait, se dévelop-
pait spontanément sur les arbres que la nature lui avait
assignés pour lui servir de pâture. Arrivé à sa dernière
période de développement, il filait son cocon sur les
mêmes arbres qui devaient présenter l'aspect d'une toi-
son de laine, et faire croire, du moins aux voyageurs
qui ne faisaient que passer, que ces fils provenaient des
arbres eux-mêmes,

Vellaraque ut foliis depectant tenuia seres.

Cette erreur dura d'autant plus long-temps parmi les
Romains qu'ils ne connurent le ver-à-soie et son travail
que plusieurs siècles après les étoffes de soie. Celles-ci
pénétrèrent à Rome sous les premiers empereurs ; mais
elles en furent proscrites par des décrets impériaux qu'on
ne peut qu'approuver.

D'abord, ces tissus de soie qui venaient de l'Orient,
n'étaient que des gazes légères qui ne laissaient que trop
apercevoir ce qu'elles semblaient couvrir. Outre cette
raison de bienséance, une sage politique engageait les
Romains à les prohiber. Ils craignaient avec raison que
le libre achat de ces précieuses marchandises ne fît passer
aux extrémités de l'Orient des sommes immenses qui ne
reviendraient point dans l'empire.

Cependant les Romains avaient des relations trop di-
rectes avec l'Asie pour que le luxe et la fastueuse vanité
ne cherchassent pas tous les moyens d'éluder ces sévères
prohibitions. Ce qu'il y a de constant, c'est qu'on a
trouvé et qu'on trouve encore dans l'Inde, très-fréquem-
ment, une grande quantité de médailles de Vespasien et
de Titus ; or ce fait prouve que, sous ces princes, les

Romains avaient un commerce ouvert avec l'Inde, qui était un entrepôt entre la Chine et l'Empire romain, d'où ils tiraient les tissus de soie. Ces étoffes, qui n'étaient permises qu'aux femmes, se vendaient à Rome au poids de l'or; et le luxe, même le plus effréné, n'osait employer la soie qu'en la mêlant à d'autres matières. Héliogabale, le plus dissolu des empereurs romains, fut le premier qui porta des habits de soie. L'empereur Aurélien n'osa point en porter, et il refusa à l'Impératrice une robe de soie qu'elle lui demandait avec instance, par la raison qu'elle coûterait trop cher; tant était excessif le prix de la soie à Rome; ce qui s'explique facilement par le monopole de cette production dont jouissait un seul peuple qui ne laissait pas connaître la source d'où il la tirait. On voit alors pourquoi les Romains ignorèrent pendant tant de siècles quelle était la nature de ce fil si agréable à la vue et au toucher, et à quelles espèces d'êtres on en devait la production. Ce ne fut que vers le vi.ᵉ siècle de l'ère chrétienne que la véritable nature de la soie fut connue en Europe. Voici comme cet événement est rapporté dans le Dictionnaire universel de la Géographie commerçante, par J. Peuchet.

« L'empereur Justinien désirant affranchir le com-
« merce de ses sujets des exactions des Perses, s'efforça,
« par le moyen de son allié le roi chrétien d'Abyssinie,
« d'enlever aux Perses une partie du commerce de la
« soie. Il ne réussit pas dans cette entreprise; mais un
« événement imprévu lui procura jusqu'à un certain
« point, la satisfaction qu'il désirait. Deux moines perses
« ayant été employés, en qualité de missionnaires, dans
« quelques unes des églises chrétiennes qui étaient éta-
« blies, comme le dit Cosmas, en différens endroits de

« l'Inde, s'étaient ouvert un chemin dans le pays des
« Seres, ou la Chine. Là, ils observèrent les travaux
« du ver-à-soie, et s'instruisirent de tous les procédés
« par lesquels on parvenait à faire de ses productions
« cette quantité d'étoffes, dont on admirait la beauté.
« La perspective du gain, ou peut-être une sainte indi-
« gnation de voir des nations infidèles seules en posses-
« siod d'une branche de commerce aussi lucrative, leur
« fit prendre sur-le-champ la route de Constantinople.
« Là ils expliquèrent à l'Empereur l'origine de la soie,
« et les différentes manières de la manufacturer et de la
« préparer. Encouragés par ses promesses libérales, ils
« se chargèrent d'apporter dans la capitale un nombre
« suffisant de ces étonnans insectes aux travaux desquels
« l'homme est si redevable. En conséquence, ils rem-
« plirent de leurs œufs des cannes creusées en dedans ;
« on les fit éclore dans la chaleur d'un fumier ; on les
« nourrit des feuilles d'un mûrier sauvage, et ils multi-
« plièrent et travaillèrent comme dans les climats où ils
« avaient attiré pour la première fois l'attention et les
« soins de l'homme. »

Ce fut cette importation imprévue qui mit l'Europe en
possession d'une nouvelle branche d'industrie. Bientôt
la culture du ver-à-soie se propagea ; et un grand nombre
de ces insectes fut élevé dans les différentes parties de
la Grèce et surtout dans le Péloponèse, qui dans la suite
des temps fut appelé *Morée,* dénomination que plusieurs
auteurs font dériver de la grande quantité de mûriers,
morus, qui se multiplièrent en raison de l'accroissement
de ces insectes. Il est bon de faire remarquer que la pro-
pagation du mûrier suivit nécessairement celle du ver-
à-soie, parce que jusqu'à présent c'est l'arbre dont les

feuilles paraissent les plus propres à fournir la meilleure soie.

Nous allons suivre les translations successives, et, si je puis parler ainsi, l'itinéraire des vers-à-soie et des mûriers dans les différentes contrées de l'Europe.

De la Grèce les mûriers et les vers-à-soie passèrent en Sicile du temps de Roger II, petit-fils du célèbre Tancrède de Hauteville, gentilhomme normand, qui fut reconnu roi de Sicile. Vers l'an 1130, les corsaires qu'il entretenait ayant fait une descente dans le Péloponèse, enlevèrent et transportèrent en Sicile beaucoup de paysans grecs et de manufacturiers qui introduisirent à Palerme la culture du mûrier, et l'art de filer et de tisser la soie. Roger sentant toute l'importance d'une semblable conquête, s'occupa, malgré ses continuelles excursions, d'en favoriser les heureux résultats, et dota non-seulement la Sicile, mais encore la Calabre, de cette industrie qui y fit les plus grands progrès, et qui s'y est si bien soutenue que cette province, encore aujourd'hui, produit plus de soie que tout le reste de l'Italie. A l'époque dont nous parlons, il s'établit des manufactures si considérables de la soie récoltée dans le pays, qu'on ne tira plus de l'Orient qu'une faible quantité de ce fil ; les sujets des empereurs grecs ne furent plus obligés d'avoir recours aux Perses pour s'approvisionner ; et il se fit un changement considérable dans la nature des rapports commerciaux de l'Europe et de l'Inde.

De la Sicile et de l'Italie, la culture du ver-à-soie et du mûrier se répandit de proche en proche dans les différens États du midi de l'Europe, notamment en Espagne, d'où elle s'introduisit vers 1460 dans les provinces méridionales de la France, telles que le Languedoc, la Provence et le comtat d'Avignon.

Avant leur introduction, il existait déjà en France des manufactures de soieries, mais qui étaient alimentées par la soie tirée de l'étranger. Ainsi Louis XI, en 1470, en établit à Tours, et il fit venir des ouvriers de l'Italie et même de la Grèce. Ce fut vers ce temps que l'on se mit à élever des vers-à-soie ; mais pour les élever, il faut avoir de quoi les nourrir, et les mûriers manquaient en France. Ce fut à l'Italie qu'on eut recours pour s'en procurer, et voici ce qui arriva à ce sujet.

Quelques seigneurs français, et notamment le seigneur d'Allan, en Dauphiné, ayant accompagné Charles VIII dans son expédition d'Italie en 1494, frappés des avantages que ce pays retirait du commerce de la soie, résolurent d'en enrichir leur patrie. De retour en France, après la paix, ils envoyèrent chercher dans le royaume de Naples des pieds de mûriers qui furent plantés en Provence et à Allan, près Montélimart. Le premier mûrier planté en France, près de Montélimart, et rapporté d'Italie par Guy-Pape, de Saint-Auban, en 1494, existait encore en 1802. Faujas de Saint-Fond, qui le vit à cette époque, rapporte que M. de La Tour du Pin-Lachaux, propriétaire d'Allan, porta le respect pour ce mûrier jusqu'à le faire entourer d'un mur, et défendit qu'on en cueillît les feuilles. C'est de cet illustre vétéran des mûriers que descendent par boutures, rejetons ou graines, tous ceux qui couvrent aujourd'hui le sol de la France, et produisent à l'État un revenu considérable.

Voilà, certes, un beau résultat des guerres d'Italie, et le seigneur français auquel il est dû est à peine connu. Ce mûrier, en 1802, se couvrait encore, chaque printemps, de feuilles et de fruits, malgré les trois cents hivers qu'il avait bravés. Nous savons qu'il a enfin succombé à l'impitoyable faulx du temps.

Mais on voit encore deux vieux mûriers, l'un dans un hameau dépendant d'Allan, l'autre dans un village voisin, que les gens du pays regardent comme contemporains du premier. Le tronc d'un de ces arbres, mesuré en 1824, avait treize pieds de circonférence à hauteur d'homme. On voit aussi à Mont-Major, près d'Arles, un mûrier énorme dont le tronc a dix-neuf pieds de circonférence, et qui est probablement encore un des fruits de l'expédition de Charles VIII.

Charles VIII, qui avait été aussi à portée d'apprécier l'état florissant du commerce de la soie à Naples, voulut concourir à doter la France de cette industrie, et, pour y parvenir, il fit distribuer des mûriers dans plusieurs provinces, et encouragea de tout son pouvoir les manufactures de soie de Lyon.

Malheureusement, la culture du mûrier et l'éducation des vers-à-soie faisaient peu de progrès en France, et, sous Louis XII, on n'employait guères que les soies d'Italie et d'Espagne.

François I.er s'occupa peu de cette utile innovation ; Henri II en sentit mieux le prix, protégea la culture des mûriers, en ordonna des plantations par son édit de 1554. Il fut le premier en France qui porta des bas de soie, et l'histoire rapporte que ce fut aux noces de sa sœur Marguerite, qui épousa, en 1559, Emmanuel Philibert, duc de Savoie ; et, pour le dire en passant, ce fut au milieu des fêtes que Henri II donna à l'occasion de ce mariage, que ce malheureux prince trouva la mort.

L'éducation des vers-à-soie languissait, parce que les

plantations de mûriers, sans lesquels elle ne peut prospérer, étaient négligées et mal dirigées. Enfin sous Charles IX, un simple jardinier de Nîmes en fonda une pépinière, dont les plantes couvrirent en peu d'années le Languedoc, le Dauphiné, la Provence.

Olivier de Serres, le premier des agronomes français, fût un des plus empressés à accueillir ces arbres, dont il améliora la culture, ainsi que l'éducation des vers-à-soie, dans son domaine de Pradel. Henri IV, à qui rien n'échappait de ce qui pouvait faire le bonheur de ses sujets, et qui savait que l'agriculture ne peut pas plus prospérer sans le commerce, que le commerce ne peut s'agrandir sans l'agriculture, conçut le projet d'établir d'une manière solide la production de la soie, « pour rédimer la « France, dit ce prince, de la valeur de plus de quatre « millions d'or que tous les ans il en fallait sortir, pour la « fournir des étoffes composées de cette matière. »

Pour l'exécution de ce projet, il s'adressa à Olivier de Serres, et, par une lettre de sa propre main, il l'invita à venir l'aider de ses conseils. Il fallait un local convenable, et qui fut sous les yeux du Roi ; il fallait une plantation de mûriers pour la nourriture des vers. Henri abandonna le jardin des Tuileries pour cet établissement. On fit venir du Languedoc vingt mille pieds de mûriers, qui furent plantés dans ce jardin; « et pour d'autant plus « accélérer ladite entreprinse, dit Olivier de Serres, dont « je copie les expressions, Sa Majesté fit exprès cons- « truire une grande maison au bout de son jardin des « Tuileries, accommodée de toutes choses nécessaires tant « pour la nourriture des vers que pour les premiers ou- « vrages de la soie. Tel fut, dit toujours le même auteur,

« le commencement de l'introduction de la soie au cœur
« de la France. »

Je ne puis résister au plaisir de vous rappeler que
Henri IV faisait un si grand cas du traité d'agriculture
d'Olivier de Serres, dont il avait accepté la dédicace, que
pendant trois ou quatre ans, au rapport de Scaleger, il se
le faisait apporter tous les jours après son dîner, et en
lisait pendant une demi-heure.

Ce qui avait été si heureusement commencé sous
Henri IV n'eût pas de suite sous Louis XIII, à cause des
orages politiques et des guerres continuelles dont son
règne fut agité.

Cette grande et utile conception était digne d'être rani-
mée sous le siècle de Louis XIV, aussi vit-on Colbert,
qui faisait principalement consister la prospérité d'un état
dans les manufactures et le commerce, faire établir des
pépinières de mûriers, aux frais du Roi, dans sept provinces du centre, pour les distribuer gratuitement à ceux
qui voudraient en planter. Il fit plus ; il promit 24 sous
par pied de mûrier qui subsisterait trois ans après la
plantation. Cette prime d'encouragement eût le plus grand
succès, et l'on vit bientôt toutes les provinces du Midi se
peupler de mûriers, et se livrer à l'éducation des vers-
à-soie.

Colbert tourna ensuite ses vues vers les manufactures
de soie. Il fallait des ouvriers qui sussent tirer la soie des
coccons ; et il fit venir de Bologne le sieur Benais, qui
remplit les vues du ministre en formant à ce travail des
ouvriers français, et les soies de leur tirage furent bientôt
au pair de celles qu'on tirait de l'Italie.

Louis XIV en fut si satisfait, qu'il lui accorda des gra-
tifications considérables avec des titres de noblesse ; ce

prince accorda également, par un arrêt du 30 septembre 1670, de grands priviléges à des entrepreneurs de fabriques de soie, et il eut enfin la satisfaction de voir des tissus en soie fabriqués avec de la soie récoltée en France. A cette époque, les fabriques de Lyon étaient sans rivales dans l'Europe.

Sous Louis XV on continua d'encourager les plantations de mûriers, dont dépendait le succès de la récolte de soie, et on forma de nouvelles pépinières dont les arbres étaient distribués gratuitement.

Telles ont été les impulsions données à diverses époques par le Gouvernement, pour naturaliser en France cette branche d'industrie si riche et si brillante, et pour diminuer par là le tribut qu'elle payait à l'étranger, qui fournissait la soie dont ses manufactures avaient besoin.

L'élan était donné; tout promettait les plus heureux résultats, lorsque la révolution vint tout arrêter et porter la fureur de la destruction jusqu'à abattre, en beaucoup de lieux, les plus beaux mûriers qui existaient alors.

Après ces temps désastreux, on chercha tous les moyens de réparer le mal qui avait été fait. Les Sociétés d'Agriculture proposèrent des prix pour la plantation des mûriers; plusieurs Préfets créèrent des primes pour encourager les propriétaires à ce genre de culture; et, il faut rendre justice à qui il appartient, sous la restauration, plus d'un million de mûriers furent plantés dans les départemens du Midi, et augmentèrent prodigieusement nos récoltes de vers-à-soie. Ce fut aussi sous la restauration que le Gouvernement encouragea l'éducation d'une espèce de ver-à-soie, qui donne ce qu'on appelle la *soie sina*.

Parmi les vers-à-soie, il est une espèce qui donne la

soie jaune ordinaire, et une variété qui produit une soie
d'un blanc parfait. Autrefois, on n'élevait en France que
le ver-à-soie jaune, et cette soie jaune ne peut servir à
faire des tissus blancs qu'après avoir subi des opérations
qui en diminuent la force et la durée, et même le blanc
qu'on obtient reprend, avec les années, une teinte jau-
nâtre. On trouve à la Chine un ver-à-soie qui donne une
soie blanche et lustrée, et qu'à raison de son origine on
appelle *soie sina;* sa force, sa blancheur la rendent précieuse pour la fabrication des tissus les plus élégans et les
plus délicats. On vint à bout de se procurer des œufs de
cette espèce, ce qui n'était pas facile, à cause de la dé-
fiance ombrageuse des Chinois, et on réussit à faire éclore
les œufs en France, et à produire ainsi la *soie sina.* L'éducation de ce ver, presque entièrement abandonnée pendant
la révolution, fut reprise par les soins du Gouvernement,
encouragée par des princes. Aujourd'hui, la culture de
cette précieuse espèce s'étend de plus en plus, et elle
donne des fils dont les prix sont beaucoup plus élevés
que ceux de la soie jaune, et avidement recherchés par le
commerce.

Vous apprendrez sans doute avec plaisir, Messieurs,
que l'éducation de cette espèce de vers se multiplie en
France, et qu'il s'y établit aujourd'hui un grand nombre
de magnaneries de ce genre (Magnanerie est le nom qu'on
donne aux établissemens où on élève en grand des vers-
à-soie). Vous n'apprendrez pas avec moins de satisfaction
que depuis plusieurs années, il en existe une de ce genre
dans notre département, qui est dirigée par M. Camille
Beauvais, aux bergeries de Senart, près Villeneuve-Saint-
Georges. Mon jeune ami, M. Philippar, et moi, l'avons
visitée deux fois, et notamment cette année, avec autant

d'intérêt que de profit. Nous y avons beaucoup vu et beaucoup appris.

En effet, Messieurs, la magnanerie de M. Camille Beauvais ne roule pas sur les pivots usés de la vieille routine ; elle est fondée sur des principes nouveaux, sur des procédés d'amélioration dont le succès annonce une heureuse révolution dans l'industrie séricicole. Il n'est pas un de ces industriels qui gardent pour eux leur secret, pour en faire un monopole. Il cherche, au contraire, à propager toutes les améliorations qui sont dues à son zèle et à sa perspicacité, tant dans la culture des mûriers que dans le mode d'éducation qu'il suit pour élever les vers-à-soie. Dans cette vue si noble et si patriotique, il a fait des bergeries de Senart une magnanerie modèle, un institut séricicole, et depuis six ans il a ouvert gratuitement, chez lui, des cours théoriques et pratiques, qui sont suivis par de jeunes propriétaires venant de tous les points de la France. Ces propriétaires dont les noms appartiennent à de hautes positions sociales, et dont quelques-uns sont d'anciens élèves de l'école polytechnique, emploient une partie de leur temps à suivre l'éducation dans les moindres détails, à y concourir de leurs propres mains, à étudier la culture et la greffe du mûrier ; et chaque jour, pendant deux heures, leur habile maître les réunit dans d'instructives conférences où se résument toutes les observations du jour, où chacun apporte le contingent des siennes, et où l'on discute tous les points de vue, tous les aperçus auxquels donne lieu ce beau sujet d'étude. Cette noble émulation promét à la France d'être bientôt en possession des magnaneries les plus riches et les plus productives, et de pouvoir s'affranchir du tribut énorme qu'elle paie encore à l'étranger pour alimenter ses manufactures.

Et ce sera là un beau chapitre pour la statistique industrielle et commerciale de la France ; et dont l'Agriculture, on, si l'on veut, l'Horticulture, aura droit de revendiquer sa bonne part.

Pour vous donner, Messieurs, une idée de ce qu'il en coûte encore annuellement à la France pour les importations des soies étrangères, je vais mettre sous vos yeux un état de ces importations pour 1839, lequel est extrait du Tableau général du commerce de la France pour 1839, publié par l'administration des douanes.

TABLEAU

Des importations des soies étrangères pour la consommation et le commerce de la France.

1839.

	COCONS.	ÉCRUES, gréges.	ÉCRUES, moulinées.	TEINTES, à coudre.	BOURRE en masse.	BOURRE filée.	TOTAL GÉNÉRAL.
TOTAL des quantités.	kil. 8,916	kil. 407,125	kil. 416,975	kil. 255	kil. 147,675	kil. 99,079	kil. 1,080,025
TOTAL des valeurs.	fr. 26,478	fr. 16,285,000	fr. 29,188,250	fr. 24,225	fr. 1,772,100	fr. 1,987,040	fr. 49,283,093

Ainsi la France fut obligée, en 1839, de tirer des pays étrangers, pour sa consommation et son commerce,

1,080,025 kilog. de soie, qui coutèrent 49,283,093 fr.

Ces pays sont les États Sardes , l'Espagne, la Turquie , Naples, la Suisse et autres pays qui ne sont pas nommés.

On voit tout ce qui reste encore à faire à l'industrie française pour affranchir la France de cet énorme tribut. Tout fait espérer qu'elle y parviendra , si elle continue de marcher avec la même ardeur et la même perspicacité dans la voie qu'elle s'est ouverte avec tant de zèle et de patriotisme.

Le tableau officiel des importations pour 1840, n'est pas encore publié ; mais d'après les états mensuels, il paraît que les valeurs des soies importées en 1840, s'élèvent à la somme de 51,792,738 fr., supérieure à celle de 1839 de 2,509,738 fr., tandis que la quantité des soies importées en 1840 est inférieure à celle de 1839 de 34,159 kilog. Ce qui prouve un renchérissement notable en 1840.